Für meine Frau Monique und unsere Töchter Katja,
Belana und Hanna. Vielen Dank an Euch für Euer
Verständnis und Eure Liebe.
Meinen Eltern danke ich für die lebenslange
Unterstützung.

André Michalke

LED - Ratgeber für Entscheider

praktische Tipps zur Umrüstung auf LED

Verlag: tredition GmbH, Hamburg

ISBN
Paperback: 978-3-7345-1171-4
Hardcover: 978-3-7345-1172-1
e-Book: 978-3-7345-1173-8

Printed in Germany

Ich bedanke mich bei allen Institutionen und Personen für die Abdruckerlaubnis. Ich habe mich bemüht, alle Copyrightinhaber ausfindig zu machen und um Abdruckgenehmigung zu bitten. Sollte ich eine Quelle nicht angegeben haben, so bitte ich um Hinweise an den Autor info@led-vom-lichtplaner.de

Was erwartet Sie in diesem Buch ?

- In kurzer, prägnanter Form und vielen Abbildungen erhalten Sie einen Überblick, was bei der Umstellung auf LED zu beachten ist

- Ich gebe Ihnen Hinweise, wie Sie die häufigsten Fehler bei der Umstellung auf LED- Beleuchtung vermeiden

- Sie erfahren von mir in 21 Abschnitten was Sie wissen müssen, um die Umstellung zum Erfolg zu führen

- In 13 Abschnitten gebe ich Ihnen weitere praktische Tipps

- Sie lesen, warum LED-Beleuchtung bessere Lichtergebnisse erzeugt und trotzdem eine dauerhafte Ersparnis von mehr als 65% Ihrer Beleuchtungskosten erzielt

- Sie erfahren, warum es nicht notwendig ist, teure Spezialisten oder teure Installateure zu nutzen

- Ich verspreche Ihnen, dass Sie mit der Umstellung auf moderne LED-Beleuchtung Ihre Umsatzrendite, Ihr Betriebsergebnis, nachhaltig verbessern werden, teilweise schon in wenigen Monaten

- Eine Checkliste unterstützt Ihre Planung

Inhaltsverzeichnis

1. Warum überhaupt eine Änderung ?

Vielleicht haben Sie selbst bemerkt oder ein Mitarbeiter hat Sie angesprochen, dass

- die Lichtstärke für Ihre Arbeiten zu niedrig ist.
- Der Technische Leiter benötigt die Freigabe zur kompletten Wartung der Lichtanlage.
- Ihr Energiemanagementbeauftragter erklärt Ihnen die Vorzüge schnellstmöglicher Stromersparnis mit LED.
- Ihr Einkäufer macht Sie auf günstige Beschaffungskosten für den anstehenden Komplett-tausch ihrer Leuchtstoffröhren aufmerksam.

Die Gründe zur Umrüstung können sehr vielfältig sein. Aber eine Frage steht immer im Raum.

Was kostet es mich? Was bringt es mir?

Interessanterweise treffe ich in vielen Unternehmen auf veränderte Bedingungen seit Bezug der Räumlichkeiten.

Der Plan zum Aufstellen der Maschinen oder die Maschinen selbst haben sich verändert. Prozesse wurden optimiert oder neue Produkte hergestellt. Was bleibt trotzdem? Die Beleuchtung bleibt.

Sie ist üblicherweise als Raumbeleuchtung gestaltet und erfüllt die Grundhelligkeit.

Ohne die Veränderungen der Raumaufteilung wäre es noch ok, aber es kommen Verschattungen dazu und somit wird die Einhaltung der Arbeitsstätten-richtlinie 3.4 nicht erfüllt. Darin ist beschrieben welche Lichtstärke für welche Tätigkeit notwendig ist. Ich komme später nochmal darauf zurück.

<u>2. Was ist gutes Licht?</u>

Man könnte meinen „Licht ist Licht". Aber so einfach ist es nicht.

Folgende Komponenten beeinflussen unsere optische und physiologische Wahrnehmung. Helligkeit (Lichtstärke), Kontrast, Lichtfarbe, Blendung.

Die optische Wahrnehmung ist eine Seite der Medaille. Wichtig ist ebenso die Andere. Jede Tätigkeit benötigt i.d.R. ein Mindestmass an Licht. Dieses ist jedoch nach Arbeitsaufgabe, vorgegebenen Toleranzbereichen, Fehlerfreiheit usw. sehr unterschiedlich.

Dies werden wir im Einzelnen betrachten.

Sie haben durch die Umrüstung auf LED die Chance viele wichtige Punkte besser zu machen.

3. Sparen Sie nicht an der Helligkeit!

Gönnen Sie sich und Ihren Mitarbeitern mehr Licht! (Sie müssen sogar, siehe Abschnitt 5. ASR)

Licht ist ein Wohlfühlfaktor. Ohne Licht gibt es kein Leben, keine Photosynthese, kein Sauerstoff... Gutes Licht kann nicht überbewertet werden!

Bereits ab dem 35. Lebensjahr lässt die Anpassungsfähigkeit der Augen nach. Dieser Prozess ist schleichend und verstärkt sich langsam im Laufe des Lebens. siehe Abbildung 1
Schlechtes Licht schadet den Augen nicht, aber es verstärkt die bereits vorhandenen Sehschwächen.
Bereits jeder zweite Mensch hat ab dem 35. Jahr Sehschwächen.
Je näher sich Gegenstände vor unserem Auge befinden, desto unschärfer werden sie.

Quelle: www.brillen-sehhilfen.de

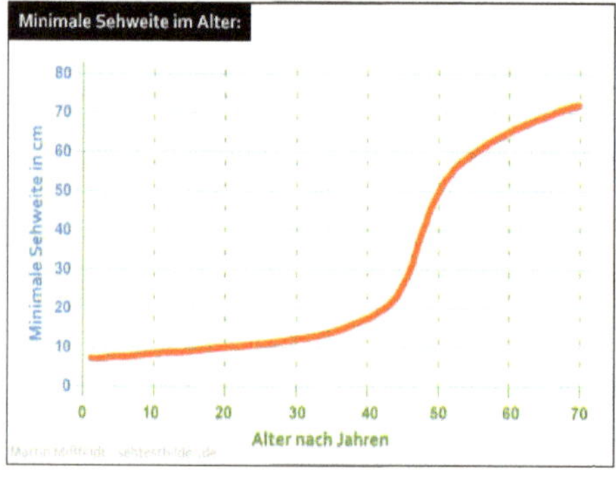

Abb. 1 Entwicklung der Sehweite im Alter

Je heller ihr Licht ist, umso besser ist dies für die Produktivität, das Sinken der Fehlerquote und der Unfallhäufigkeit.

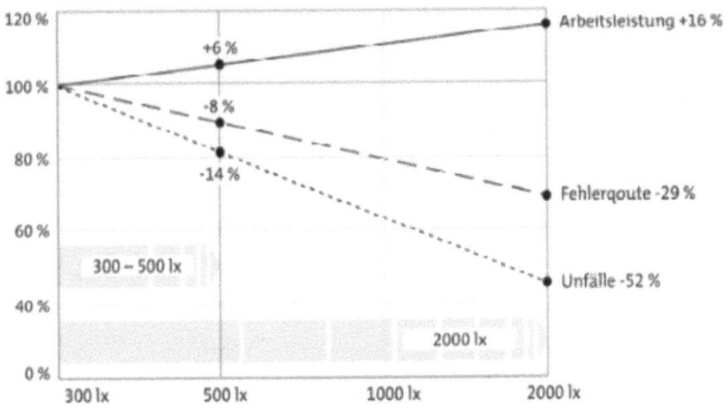

Abb. 2 Arbeitsleistung, Fehlerquote und Unfälle in Abhängigkeit von der Helligkeit

Es gibt nicht ein Zuviel an Licht, nur ein Zuwenig.

4. Schadet „schlechtes", zu dunkles Licht den Augen?

Die Augen werden bei schlechtem Licht stärker beansprucht als bei Helligkeit. Bei dieser Anstrengung ermüden die Augen schneller. Es kommt jedoch zu keinen bleibenden Schäden.

Liegt bereits ein Seheinschränkung vor, dann macht sich schlechtes Licht natürlich noch viel stärker bemerkbar. Probieren Sie es selbst mal aus, z.B. beim Lesen von kleiner Schrift.

Was können Sie selbst tun?
- Verwenden Sie Tageslicht. Dies ist immer noch die beste Lichtquelle - auch am Arbeitsplatz.
- Verhindern Sie die Ermüdung – meiden Sie Dämmerlicht und zu schwache Beleuchtung.
- Achten Sie auf homogenes Licht. Starke Hell-Dunkel-Kontraste und Blendungen sollten Sie vermeiden.

Quelle: http://www.sehen.de/sehen/sehschwaeche/

5. Die Arbeitsstättenrichtlinie (ASR)

Jeder hat sicher bereits von der Arbeitsstättenrichtlinie gehört. In ihr ist im Abschnitt A 3.4 auch das notwendige Licht für alle anfallenden Arbeiten beschrieben. Die Festlegungen der ASR dienen der Sicherheit und dem Gesundheitsschutz der Beschäftigten am Arbeitsplatz und beschreiben für ausgewählte Tätigkeiten die erforderliche Beleuchtung zur gesundheitsgerechten Erledigung der Sehaufgabe.

Bei Einhaltung der Technischen Regeln kann der Arbeitgeber insoweit davon ausgehen, dass die Anforderungen der Verordnung erfüllt sind.

Hier ein kleiner Auszug:

Beleuchtungsanforderungen für Arbeitsräume, Arbeitsplätze und Tätigkeiten

(Die im Anhang angegebenen Werte sind Beleuchtungsstärken auf der Bezugsfläche der Sehaufgabe, die horizontal, vertikal oder geneigt sein kann. Auf die Regelungen des Punktes 5.2 Abs. 1 für bestehende Beleuchtungseinrichtungen wird verwiesen.)

	Arbeitsräume, Arbeitsplätze, Tätigkeiten	Mindestwert der Beleuchtungsstärke lx	Mindestwert der Farbwiedergabe Index R_a	Bemerkungen
1 Verkehrswege				
1.1	Verkehrsflächen und Flure ohne Fahrzeugverkehr	50	40	In Hotels ist während der Nacht ein geringeres Niveau nach einer Gefährdungsbeurteilung zulässig.
1.1a	Verkehrsflächen und Flure ohne Fahrzeugverkehr im Bereich von Absätzen und Stufen	100	40	
1.2	Verkehrsflächen und Flure mit Fahrzeugverkehr	150	40	
1.3	Treppen, Fahrtreppen, Fahrsteige, Aufzüge	100	40	

4 Büros und büroähnliche Arbeitsbereiche

4.1	Ablegen, Kopieren	300	80	
4.2	Schreiben, Lesen, Datenverarbeitung	500	80	$\bar{E}_v \geq 175\ \text{lx}$

16 Metallbe- und -verarbeitung, Gießereien und Metallguss

16.1	Sandaufbereitung, Gussputzerei, Gieß- und Schmelzhallen, Ausleerstellen, Maschinenformerei	200	60	300 lx beim Gussputzen kleiner oder filigraner Teile
16.2	Hand- und Kernformerei, Druckgießerei	300	60	
16.3	Modellbau	500	80	
16.4	Freiformschmieden	200	60	
16.5	Gesenkschmieden	200	60	
16.6	Schweißen	300	60	
16.7	Grobe und mittlere Maschinenarbeiten: Toleranzen $\geq 0{,}1$ mm	300	60	
16.8	Feine Maschinenarbeiten, Schleifen: Toleranzen $< 0{,}1$ mm	500	60	
16.9	Anreißen, Kontrolle	750	60	
16.10	Draht- und Rohrzieherei, Kaltverformung	300	60	
16.11	Verarbeitung von schweren Blechen: Dicke ≥ 5 mm	200	60	
16.12	Verarbeitung von leichten Blechen: Dicke < 5 mm	300	60	

Abb. 3 Auszug aus der Arbeitsstättenrichtlinie für Beleuchtung

Die Empfehlungen der Arbeitsstättenrichtlinie müssen in jedem Fall eingehalten werden. Gerade bei Unfällen, Anspruchsforderungen oder Streitigkeiten beziehen sich die gesetzliche Unfallversicherung und die Gerichte auf diese Richtlinie!

<u>6. Wie entsteht LED-Licht ?</u>

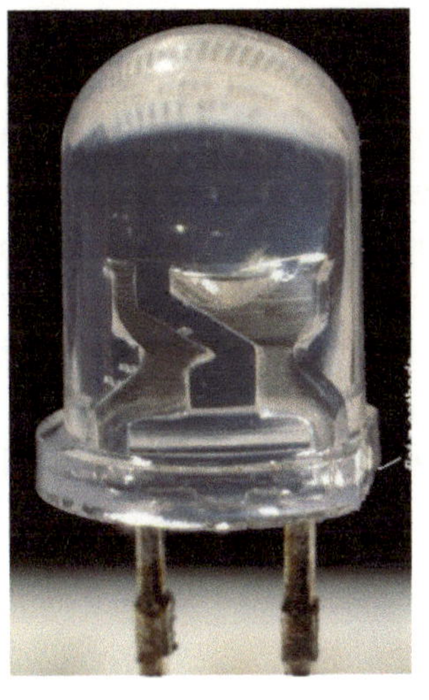

Abb. 4 LED

Eine Leuchtdiode (kurz LED von englisch light-emitting diode, Licht-emittierende Diode', auch Lumineszenz-Diode) ist ein lichtemittierendes Halbleiterbauelement, dessen elektrische Eigenschaften einer Diode entsprechen.

Fließt durch die Diode elektrischer Strom in Durchlassrichtung, so strahlt sie Licht, Infrarotstrahlung oder auch Ultraviolettstrahlung mit einer vom Halbleitermaterial und der Dotierung abhängigen Wellenlänge ab.

Die rund ersten drei Jahrzehnte seit ihrer Erfindung 1962 diente die LED zunächst als Leuchtanzeige und zur Signalübertragung. Durch technologische Verbesserungen wurde die Lichtausbeute immer größer und es folgten Ende der 1990er Jahre Anwendungen im Bereich der LED-Leuchtmittel im Alltagsgebrauch. Wird an eine Halbleiterdiode eine Spannung in Durchlassrichtung angelegt, wandern Elektronen von der n-dotierten Seite zum p-n-Übergang.

Nach Übergang zur p-dotierten Seite geht das Elektron dann in das energetisch günstigere Valenzband über. Dieser Übergang wird Rekombination genannt, denn er kann auch als Zusammentreffen von einem Elektron im Leitungsband mit einem Defektelektron (Loch) interpretiert werden. Die bei der Rekombination frei werdende Energie wird in einem direkten Halbleiter meist direkt als Licht (Photon) **abgegeben.**

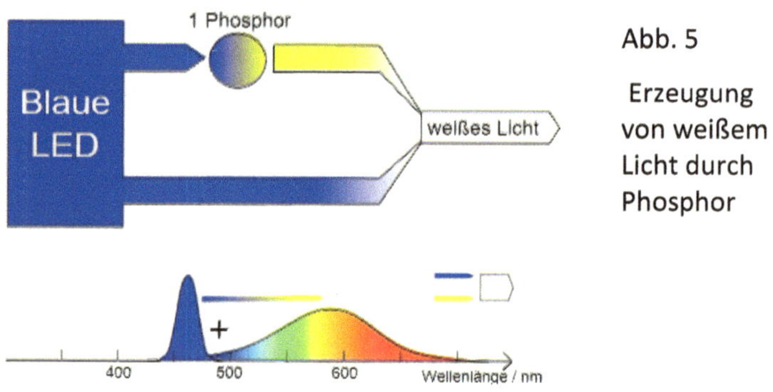

Abb. 5

Erzeugung von weißem Licht durch Phosphor

Eine blaue oder UV-LED wird mit photolumineszierendem Farbstoff, auch als Leuchtstoff bezeichnet, kombiniert. Ähnlich wie auch in Leuchtstoffröhren kann so kurzwelliges, höherenergetisches Licht wie das blaue Licht der LED in langwelligeres Licht umgewandelt werden. Die Wahl der Leuchtstoffe kann variieren und legt die Farbtemperatur fest.

Quelle: https://de.wikipedia.org/wiki/Leuchtdiode

7. <u>Welche Led-Chips sollten Sie verwenden?</u>

Die Beantwortung dieser Frage ist nicht leicht, aber ich zeige Ihnen eine Lösung.

Seitdem die Weiterentwicklung der weißen LED enorm vorangeschritten ist, weist sie ein zukunfts-weisendes Verhältnis von Lumen zu Watt auf. Dies war im Jahr 2008 mit 60lm/W das erste Mal der Fall. Siehe Abbildung

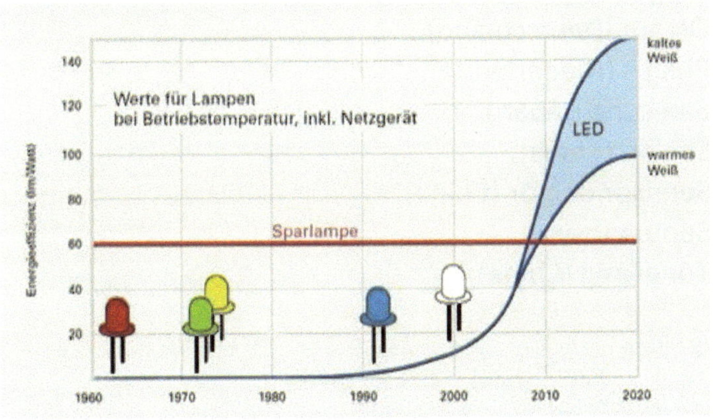

Abb. 6 Entwicklung der Energieeffizienz Lumen/Watt

http://www.richtig-hell.at/led/ 19.1.2016

Während dieser Zeit betreten immer mehr Led-Chip Produzenten die Wettbewerbsbühne. Bisher große und beliebte Leuchtenhersteller wie Philips und Os-ram verschliefen die Entwicklung.

Zu den großen LED-Chip Produzenten gehören heute u.a. in alphabetischer Reihenfolge:
AXT Inc.,
Cree (USA),
Epistar Group (China),
GELcore General Electric Lighting Core(USA),
GPI (China),
Lumileds Lighting (USA),
Nichia (Japan),
Ningbo Optoelectronics (China),
Osram (Deutschland),
Philips (Niederlande),
Samsung (Japan)
San'an (China),
Semiconductor (China),
Seoul Viosys,
TongFang (China)

Quelle: https://media.licdn.com/mpr/mpr/p/8/005/0b5/0d1/049c21a.png

Das bei allen Produzenten von Led-Chips verwendete Prinzip der Entstehung von Licht, wie im Abschnitt 6 beschrieben, ist gleich.

Es gibt mittlerweile Hunderte verschiedenster Bauformen, -größen, -dicken von Chips mit vielen Varianten von Linsenaufsätzen. Siehe Abbildung 7

Abb. 7 Dies ist nur ein kleiner Auszug von LED-Chips die CREE herstellt.

https://www.google.de/search?q=cree&source=lnms&tbm=isch&sa=X&ved=0ahUKEwifx5vQybrKAhWGORQKHbqfCwsQ_AUICCgC&biw=1295&bih=697&dpr=0.9#tbm=isch&q=cree+led

 Eine reine Auswahl für den Laien ist schlicht unmöglich. **Wichtig ist Eines für Sie.** Die Lebensdauer verlängert sich mit dem eingesetzten Material und dem Wärmemanagement.

8. <u>Welche LED-Chips halten länger?</u>

Die Ableitung der Wärme vom Led-Chip und ebenso vom installierten Treiber ist ausschlaggebend für eine lange Lebensdauer (50.000-100.000 Stunden). Dies hat auch Auswirkung auf eine niedrige **Degradation** (einen Abfall der Lichtstärke im Verhältnis zur Zeit) siehe Abschnitt 9. Wenn Sie die Auswahl haben, überzeugen Sie sich, dass die Wärme gut abgeleitet wird.

Diese Beurteilung können Sie in der Regel selbst vornehmen. Stellen Sie sich folgende Fragen:

- Wurde gut wärmeleitendes Material verwendet?

- Sind die Led-Chips auf eine größere Fläche verteilt und können sie sich gegenseitig nur wenig mit Wärmestrahlung beeinflussen?

- Wie schwer ist das Leuchtmittel? Ein schwereres Leuchtmittel ist vorzuziehen, da sich vermutlich mehr Kühlmaterial darin befindet.

<u>9.</u> <u>Welche Bedeutung hat die Wärmeleitfähigkeit auf die Degradation?</u>

Degradation oder **Degradierung** (von lat. *degrado* „herabsetzen", zu *gradus* „Schritt") bezeichnet allgemein die Verringerung eines Wertes oder einer Eigenschaft.

Quelle: https://de.wikipedia.org/wiki/Degradation 20.1.2016

In unserem Sinn ist damit der Abfall der Lichtstärke im Verhältnis zur Nutzungsdauer gemeint.

Schauen wir uns zuerst die herkömmliche Leuchtstoffröhre an.

Eine Verringerung der Leuchtkraft fällt den Meisten im Laufe der Zeit auf, vor allem dann, wenn die Enden der Leuchtstoffröhren sich verdunkeln.

Aber oft ist nicht bekannt, das sich eine Reduzierung um 10% innerhalb von ca. 2500 Betriebsstunden zeigt. Im Fall der Arbeitsstättenrichtlinie habe ich ja bereits auf die große Bedeutung der korrekten Lichtstärke hingewiesen.

Das bedeutet, der Architekt oder Lichtplaner muss diese Verringerung mit einkalkulieren und einen Wartungsplan aufstellen, der sowohl die rechtzeitige Reinigung vorsieht sowie auch den Austausch der Leuchtmittel.

In meiner langjährigen Praxis zeigte sich, dass aufgrund von Unkenntnis nicht auf die langlebigeren

Leuchtmittel T8/T5 Dreibanden umgestellt wurde, sondern dass vielmehr die schon immer bezogenen schlechteren Standard-Röhren verwendet werden.

Einen geringen positiven Einfluss auf die Absenkung würde eine kältere Umgebungsluft erreichen. Dies ist jedoch nur bedingt in den Betrieben machbar.

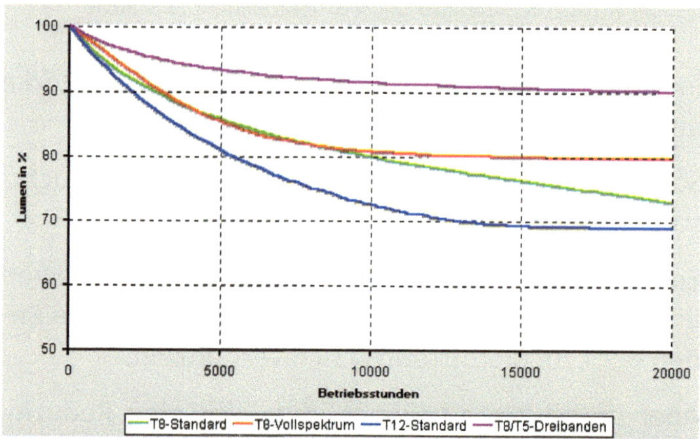

Abb. 8 Vergleich der Langlebigkeit verschiedener Leuchtstoffröhren

Bei herkömmlichen Standard-Röhren sinkt die Lichtstärke nach 15.000 Betriebsstunden schon auf 70-80% der ursprünglichen Stärke.

Problematisch ist dabei die geforderte Mindeststärke durch die Arbeitsstättenrichtlinie.

Quelle: http://www.hereinspaziert.de/Lampen/Leuchtstoff.htm

Wie sieht es mit LED-Röhren aus?

Gegenwärtig gibt es **vier Faktoren die Einfluss auf die Degradation** haben.

1. Der Wichtigste ist die **Wärme**. Bitte lesen Sie den Abschnitt 6 zur Funktionsweise der LED nach.

   Die Elektronen wandern im Kristall und erzeugen Licht. Im Laufe der Zeit ergeben sich Lücken im Kristall sogenannte Fehlstellen, die nicht mehr an der Lichterzeugung teilnehmen können.

   Die Ursache ist thermischer Natur. Je höher die Wärme an der Erzeugungsstelle umso „flüchtiger" sind die Elektronen und die Fehlstellen werden größer.

   Deshalb ist es ein wichtiges Ziel die Umgebungstemperaturen wenn möglich niedrig zu halten und der Wärmeableitung besonderes Augenmerk zu schenken.

2. Die **Stromstärke** mit der die Leds betrieben werden, hat ebenfalls einen großen Einfluss. Je höher die Stromstärke ist, desto mehr Durchflussgeschwindigkeit und Wärme wird durch die Elektronen erzeugt.

   Achten Sie daher auf niedrige Stromstärken von 15mA bis 50mA.

3. **Trübung** des Gehäuses oder der Linse auf dem Chip

4. Fehlfunktion wegen verschlechterten **Material-Eigenschaften** während des Betriebes

In einer Versuchsanordnung wurden die zwei wichtigsten Einflussfaktoren untersucht.

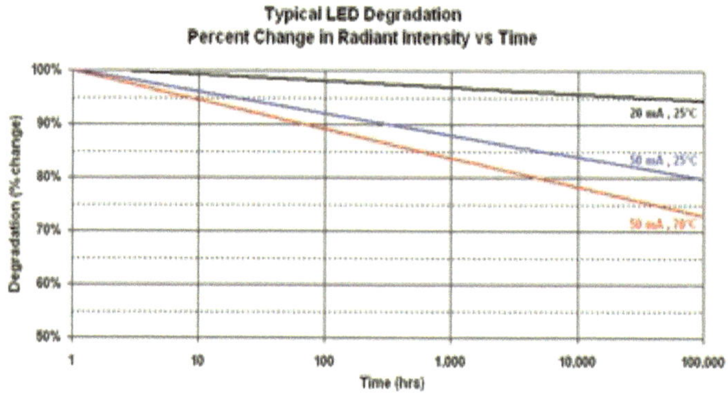

Abb. 9 Die Degradation in Abhängigkeit von Temperatur und Stromstärke

Je höher die Temperatur desto höher die Degradation. Je höher die Stromstärke desto höher die Degradation.

Beides zusammen (rote Linie) vergrößert die Degradation umso mehr. Beachten Sie die logarithmische Zeitleiste.

10. Welche Bedeutung hat die Lichtfarbe?

Die Lichtfarbe bestimmt das Erscheinungsbild des Lichtes. Es kann von ganz gelb über weiß zu blau-weiß sein. Es geht uns um die Lichtfarbe von 3000 Kelvin bis 10.000 Kelvin. Dies entspricht der Wellenlänge des sichtbaren Lichts von 380 bis 700nm.

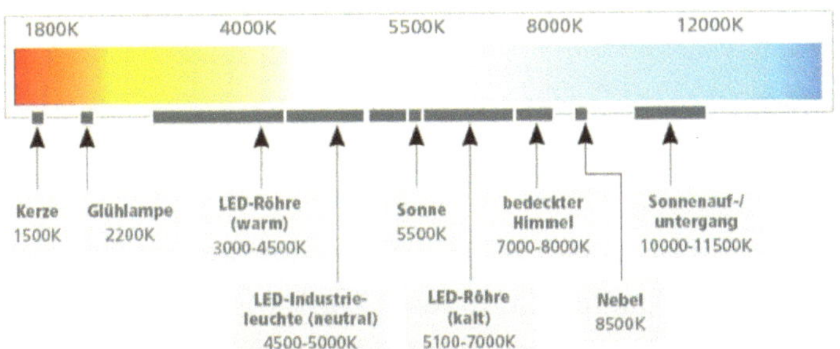

Abb. 10 typische Lichtfarben

Quelle: http://www.l-w-e.de/die-wichtigsten-begriffe.html

Die Lichtfarbe wird durch die Wellenlänge des austretenden Lichtes erzeugt.

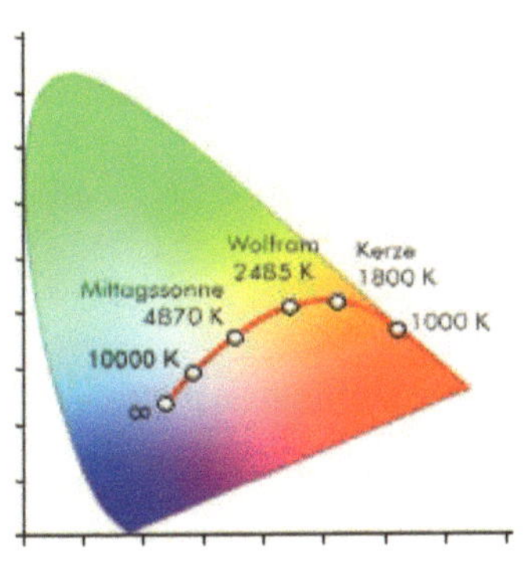

Abb. 11

In einer sogenannten Planckschen Kurve, der Ideallinie eines Temperaturstrahlers, werden die Lichtfarben genau definiert und in einer Normtabelle dargestellt.

http://www.led-info.de/uploads/pics/normtemp_01.jpg

Meine Empfehlungen in Verbindung mit der ASR 3.4 sind für betriebliche Anwendungen folgende:

3000K — Bäcker, Fleischer, Obst, Gemüseauslagen

4000K — Bürobeleuchtung

6000K — Industriebeleuchtung, Bürobeleuchtung, Arbeitsplätze, Parkhäuser, Gewerbe

Die Bedeutung der Lichtfarbe ergibt sich daraus, dass sie unser Wohlbefinden beeinflusst.

Es gibt neuere Untersuchungen des Auges. Es sind seit 2002 visuelle (Stäbchen, Zapfen) und nichtvisuelle (ipRGC — intrinsisch photosensitive retinale Ganglienzellen) Lichtwirkungen bekannt.

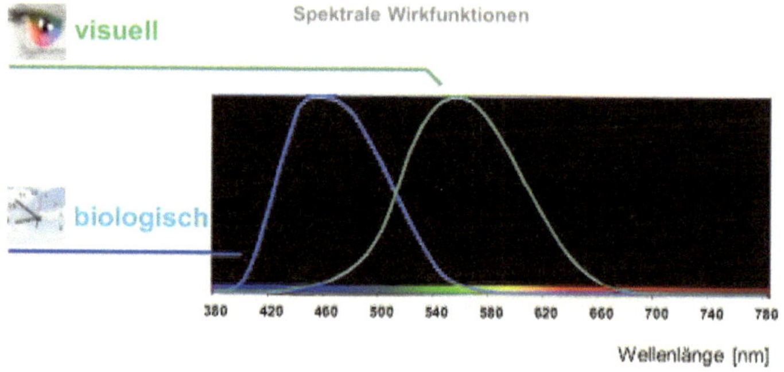

Abb. 12 Visuelle und biologische Lichtwirkung

In obiger Abbildung sehen Sie, dass die biologische Wirkung hauptsächlich durch blaues Licht erzeugt wird.

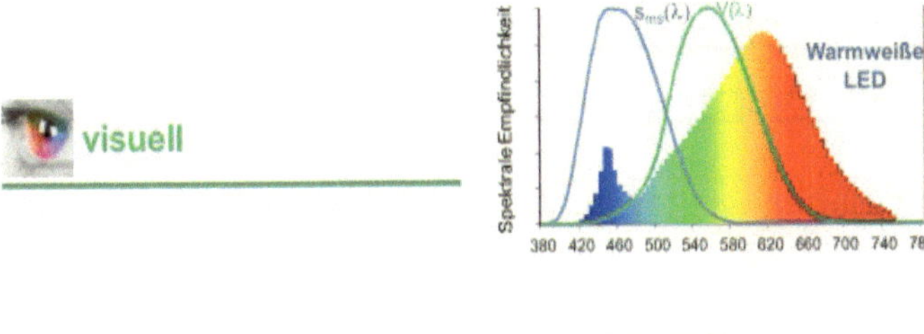

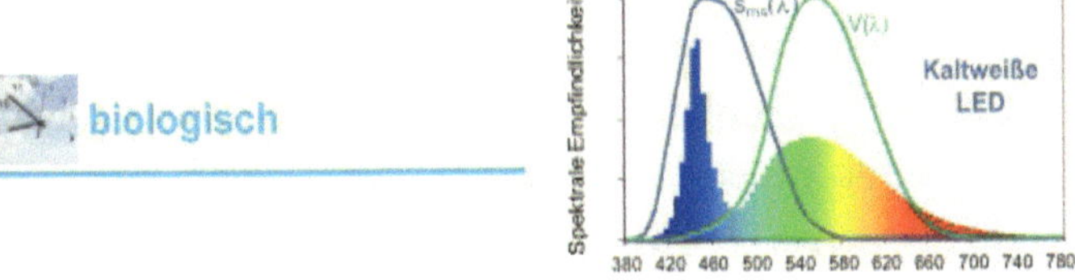

Abb. 13 LEDs mit einer Farbtemperatur von 5300K (ca. 450nm Wellenlänge) und mehr wirken nicht nur visuell sondern erhöhen auch die biologische Wirkung. Das Wohlbefinden ist gesteigert.

Quelle: Ansprüche an das Licht - für Gesundheit und Wohlbefinden, Dr. Andreas Wojtysiak | 22.05.2014 | München

11. Wie entsteht eine bestimmte Lichtfarbe? Wie vermeiden Sie blaues Licht?

Sie haben vielleicht auch schon die Erfahrung gemacht, dass Sie beim LED-Kauf eine kaltweiße Lichtfarbe hatten.

Dies hat ihr Wohlbefinden beim Entspannen nicht gestärkt. Tatsächlich empfinden wir außer in der Küche oder im Arbeitszimmer das weiße Licht für unangebracht. Es hat keine „Stimmung". Man kann nicht entspannen. Die Ursachen wurden in Abschnitt 10 schon beschrieben.

Aber wie entsteht denn jetzt eine Lichtfarbe aus dem LED-Chip.?

Jeder LED-Chip wird zur Verbesserung des Lichtes mit einer fluoreszierenden Schicht überdeckt. Je nach Zusammensetzung und Stärke ergibt sich daraus, vergleichbar mit verschiedenen Sonnenbrillen, eine unterschiedlich starke Tönung.

In einem sehr genauen Verfahren (Binning) werden die LEDs sortiert und in Sektoren eingeteilt. Je genauer das Binning erfolgt umso teurer sind die LEDs, umso besser ist die Farbwiedergabe (CRI) und umso kleiner ist die Farbabweichung.

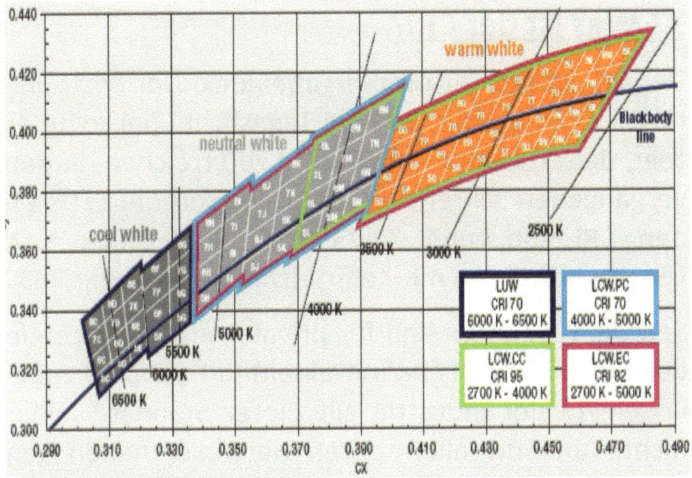

Abb. 14 Die Methodik der Sortierung einzelner LEDs nach Lichtfarbe

Quelle: http://www.mouser.com/images/microsites/binning.png

Das Binning sortiert die LEDs in verschiedene Segmente ein. Diese Qualität unterscheidet sich nach Lichtfarbe und Farbwiedergabeindex.

Man kann generell sagen, dass das Binning von jedem Hersteller vorgenommen wird. Deshalb ist es heute kaum noch zu verzeichnen, dass die LEDs nicht der gekauften Eigenschaft entsprechen.

Durch eine abgestimmte Mischung wird die Farbtemperatur erreicht. Je nach Hersteller kann man LEDs in einer Abweichung von 100K – 500K beziehen. Diese Qualität ist völlig ausreichend, um ein gutes Lichtbild zu bekommen.

12. Was ist der CRI?

Der CRI ist der Farbwiedergabeindex. Der beste natürliche CRI beträgt 100 bei Tageslicht. Ziel sollte es sein, diesen Faktor annähernd zu erreichen. In den vergangenen Jahren, bis 2013, wiesen die LEDs einen CRI von rund 70-75 auf. Vergleichbar sind Leuchtstoffröhren mit Kennzeichnung 740 oder 765.

Seit dem 1.1.2015 sind für private Anwendungen in der EU nur noch LEDs mit einem CRI von >80 zugelassen. In der Industrie gilt dieser Standard leider nicht. Aber die allermeisten Hersteller haben den Farbwiedergabeindex freiwillig auf über 80 verbessert. Vergleichbare Leuchtstoffröhren haben diese Kennzeichnung: 840 oder 865.

Sie sollten darauf achten, Leuchtmittel mit einem CRI von >80 zu kaufen. Einen wesentlich höheren CRI benötigen Sie nicht. Lediglich bei Anwendungen, wo es um Farbkontrollen oder –vergleiche geht, sollten Sie einen CRI über 90 wählen.

Abb. 15 Farbwiedergabeindex am Beispiel Apfel

Quelle: http://www.fusion-lamps.com/assets/img/CRI-comparison-apples.jpg

13.Wie kann ich mit LEDs sparen ?

Zwei Faktoren sind ausschlaggebend: Effizienz und Abstrahlwinkel. Unter Beachtung dieser beiden Faktoren lassen sich Ersparnisse zu herkömmlichen Leuchtmitteln zwischen 60-85% erzielen.

14. Effizienz

Sie wissen sicherlich noch aus dem Physikunterricht, dass eine Glühbirne den Strom umwandelt in 98% Strahlung (UV, Infrarot, auch Wärme ist Strahlung) und 2% Licht.

Der Wirkungsgrad einzelner Leuchtmittel nach heutigem technischem Stand ist

- Glühlampe (100W) liegt bei etwa 2,1%
- Halogenbirne liegt bei 2,3 - 3,5%
- 5W Kompakt-LS (Energiesparlampe) bei 6,6%
- 26W Leuchtstofflampen liegen bei ca. 10,3%
- 58W Leuchtstofflampen 7,6% bis 11%.

10W LEDs 15 bis 21% (endet physikalisch bedingt bei 30%)

http://www.gutefrage.net/frage/welchen-wirkungsgrad-hat-denn-nun-die-gute-alte-gluehbirne-

Nur 2% Licht bei der Glühbirne und 20% Licht bei sehr guten LEDs. Dies bedeutet eine Steigerung der Lichtstärke um 1000%.

Die heutigen LEDs haben bereits die höchste Effizienz im Vergleich zu allen anderen Leuchtmitteln. Daraus ergibt sich auch der wirtschaftliche Faktor der Ersparnis von Leistung.

Das war jedoch nicht immer so. Deshalb ist es gut, den Entwicklungsweg der LED und der anderen Leuchtmittel zu verfolgen.

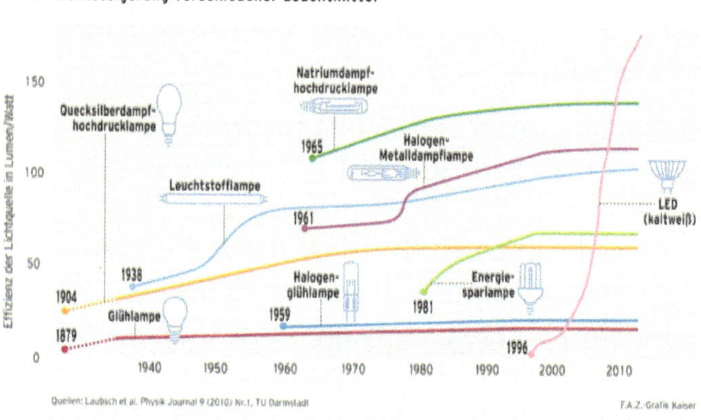

Abb. 16 Erfindung von Leuchtmitteln und deren Effizienzsteigerung seither

Sie kennen sicher noch die ersten LEDs mit einem relativ hohen Blauanteil und der fallenden Helligkeit über die Jahre.

Diese stammten aus den Jahren seit 2006 bis 2009. Natürlich kam es auch noch auf die Qualität des Herstellers an. Wie Sie aus oben stehender Grafik entnehmen können, ist die LED seit 2011 allen anderen herkömmlichen Leuchtmitteln in ihrer Effizienz überlegen.

In den Entwicklungslaboren der Hersteller wird nach immer effizienteren Leds geforscht. Cree veröffentlicht regelmäßig seinen Stand. Von der theoretisch möglichen Größe von ca. 350 Lumen/W ist Cree nur noch wenig entfernt.

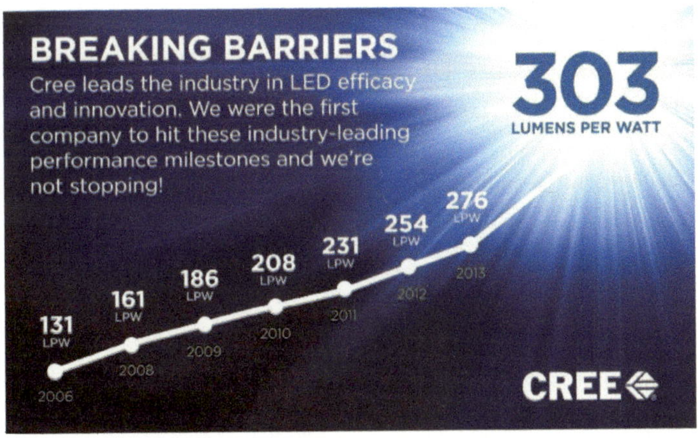

Abb. 17 Anfang 2014 erreicht CREE als erster Hersteller eine LED Effizienz von 303 lm/W.

Quelle: http://www.golem.de/news/cree-mehr-als-300-lumen-pro-watt-sind-mit-leds-moeglich-1403-105452.html

Wie entwickelte sich die Effizienz bei handelsüblichen Röhren?

Überblick der tatsächlich erreichten üblichen Effizienz am Beispiel einer LED-Röhre 150cm mit VDE- Zertifikat, 6500K im Jahr des ersten Auftretens

2008   LED-Röhre Lumen/W 80
2009   LED-Röhre Lumen/W 90
2010   LED-Röhre Lumen/W 100
2011   LED-Röhre Lumen/W 100
2012   LED-Röhre Lumen/W 110
2013   LED-Röhre Lumen/W 110
2014   LED-Röhre Lumen/W 130
2015   LED-Röhre Lumen/W 140
2016   LED-Röhre Lumen/W 140

Quelle: www.led-vom-lichtplaner.de

Bei einer Investitionsentscheidung sollten Sie Ihr Angebot immer auf **Energieeffizienz und** den **Preis** untersuchen.

15. Abstrahlwinkel

So banal es klingt, dass eine Leuchte einen bestimmten Abstrahlwinkel hat, ist es nicht.

Gerade im Hinblick auf LEDs kommen im Vergleich von Lumenstrom und Abstrahlwinkel öfter Fehler vor, die auch gestandenen Elektrikern und Einkäufern passieren.

Was ist das Problem?

Wenn Sie eine herkömmliche 150cm Leuchtstoffröhre betrachten, steht auf dem Datenblatt erzeugter Lichtstrom 5200-6600 Lumen – bei einer normalen LED-Röhre steht 2500-3000 Lumen.

Schnell geschlussfolgert, sagen Sie mir, die LED ist ja viel dunkler.

Ja aber … , die Leuchtstoffröhre hat einen Abstrahlwinkel von 360° und nutzt zur Lichtausstrahlung die direkte Lichtstrahlung und meistens den weniger effektiven Lampenreflektor dazu.

Am tatsächlich wichtigen Punkt, der Nutzfläche, trifft nur ein teilgerichteter Lichtstrom auf. Der ist abhängig vom Abstrahlwinkel, i.d.R. auch nur 120-160°.

Dazu kommt die Reststreuung vom Lampenreflektor. Das heißt, der nutzbare Lumenstrom wird durch den Abstrahlwinkel begrenzt.

Die LED –Röhre sendet gerichtetes Licht je nach üblichem Abstrahlwinkel von 120-140° aus. Der Lichtstrom bei diesem Abstrahlwinkel beträgt ca. 3000 Lumen.

Deshalb ist es in der Regel so, dass eine gute LED-Röhre ca. 10-20% mehr Licht erzeugt als eine Leuchtstoffröhre. In der nachfolgenden Grafik wird das verdeutlicht.

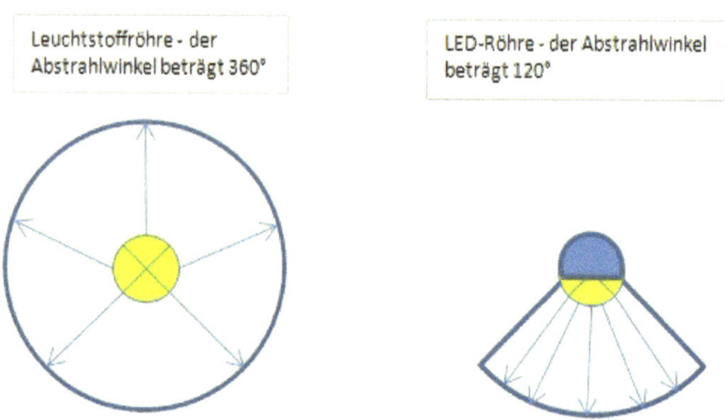

Abb. 18 Abstrahlwinkel Leuchtstoffröhre zu LED-Röhre

16. Woher kommt die Ersparnis 60-85% ?

Sie kommt zum einen durch die sehr hohe Effizienz der LED und zum anderen durch das gerichtete Licht mit 120° Abstrahlwinkel.

Gegenwärtig bieten wir LED-Röhren 150cm Länge an, die bei einer Leistungsaufnahme von 22W bereits ein sehr guter Ersatz für die Leuchtstoffröhre sind. Zur Erinnerung eine Leuchtstoffröhre verbraucht 58W + 6-12W Leistung für das Vorschaltgerät, also gesamt 64-70W.

Produkt	Zertifikate	Länge	Leistung in Watt	Lumen	lm/W
LED-Röhre	VDE, CE	150cm	30	4200	140
5 Jahre Gewährleistung	VDE, CE	150cm	30	3600	120
	VDE, CE	150cm	25	3500	140
	VDE, CE	150cm	25	3000	120
	VDE, CE	150cm	22	3050	139
	VDE, CE	150cm	22	2650	120

Abb. 19 Typischer Verbrauch und erzeugter Lichtstrom einer 150cm langen LED-Röhre

Quelle: www.led-vom-lichtplaner.de

Der bisherige Verbrauch liegt bei 64-70W und der zukünftige bei 22W. D.h. 42-48W Leistungsersparnis bei gleicher oder besserer Helligkeit.

Wichtig ist eine niedrige Leistung. Manchmal kommt es auch auf **ein Watt Unterschied** an. Die Stromkosten reduzieren sich.

Im Laufe der Betriebsstunden in den nächsten Jahrzehnten ist dies berücksichtigt.

Der Unterschied von 1 W mehr oder weniger wird sich jahrelang auf Ihren Stromverbrauch auswirken.

17. Welche Qualität ist die richtige für Sie?

Diese Frage können Sie natürlich nur selbst beantworten. Doch ich möchte Ihnen eine Hilfe dazu geben.

Es gibt zahlreiche Prüfkriterien um die Eigenschaft einer LED-Lampe zu beschreiben. Eine Reihe von Vorschriften zur Beleuchtung müssen eingehalten werden. Die wesentlichsten sind folgende:

- VDE-CE-RoHS – TÜV – EMV – ESD - Flickertest

- **DIN EN 55015 VDE 0875-15-1:2009-11** – Funk-Entstörung

- **DIN 60061-3** – Lampensockel und -fassungen sowie Lehren zur Kontrolle der Austauschbarkeit und Sicherheit

- **EN 60598** - Allgemeine Anforderungen

- **DIN EN 60598-1** – Notbeleuchtung

- **EN 60698/A2** - Leuchten

- **DIN EN 61000-3-2 VDE 0838-2:2015-03 Elektromagnetische Verträglichkeit (EMV)** Teil 3-2: Grenzwerte - Grenzwerte für Oberschwingungsströme (Geräte-Eingangsstrom <= 16 A je Leiter)

- **EN 61195** – zweiseitig gesockelte Leuchtstofflampen

- **DIN EN 61347-1+2-13** – Gleichstrombetriebene Vorschaltgeräte

- **DIN EN 61547 VDE 0875-15-2:2010-0**3
  Einrichtungen für allgemeine Beleuchtungszwecke EMV-Störfestigkeitsanforderungen

- **DIN EN 62031** –LED Module für Allgemeinbeleuchtung

- **IEC 62471** – Photobiologische Augensicherheit - Alle in Kanada, der Europäischen Union und Asien verkauften Leuchten müssen nach IEC-62471 getestet sein, um die Arbeiter vor Verletzungen und Blindheit zu schützen, die durch Ausgesetzt sein gegenüber Strahlung ROHS

- **DIN EN 62493 VDE 0848-493:2010-09**
  Beurteilung von Beleuchtungseinrichtungen bezüglich der Exposition von Personen gegenüber elektromagnetischen Feldern

- **DIN EN 62560/A1 VDE 0715-13/A1:2014-02**
  LED-Lampen mit eingebautem Vorschaltgerät für Allgemeinbeleuchtung für Spannungen > 50 V

- **Niederspannungsrichtlinie 2014/35/EU**

- Brandklassen und Vibrationstest

Nicht jede Ihrer Anwendungen erfordert die Einhaltung aller Normen. Manchmal schließen sie sich sogar aus. **Lassen sie das am besten einen Lichtplaner beurteilen.**

Es ist kein Geheimnis, dass auch in unserer Praxis immer wieder Anbieter Produktofferten unterbreiten und sich einfache und schwierigere Tests sparen und damit natürlich auch Kosten sparen.

Folgende Daten sollten Sie bei einem seriösen Anbieter einfordern und bekommen

> EMV
> Datenblatt
> Lichtreport
> CE Erklärung

Wenn Sie einen guten Anbieter haben wird er seine Produkte bei namhaften Prüflabors eingereicht haben. U.a. bei dem Verband der deutschen Elektroindustrie (VDE) , dem TÜV oder der KEMA. Es sollten dann auch die Zertifikate abrufbar sein.

Meiner Einschätzung nach wird die intensivste Prüfung beim VDE durchgeführt. Es gibt dort jedoch auch unterschiedliche Prüfkriterien die nicht von jedem Hersteller vollumfänglich durchgeführt werden.

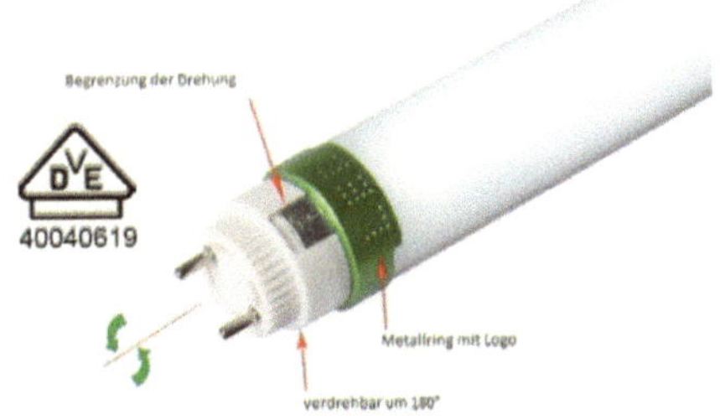

Abb. 20 VDE zertifizierte LED-Röhre

18. Wie entwickeln sich die Preise?

Die Kaufpreise fallen seit Jahren.

Man muss diese Entwicklung im Zusammenhang mit der verstärkten Serienproduktion und der technischen Entwicklung sehen.

Die Produktionsmenge ist um ein vielfaches gestiegen, ebenso die Anzahl der Wettbewerber. Es gibt wesentlich mehr Hersteller als zu Beginn der Entwicklung.

Die Preise für Chips und Treiber fallen. Dagegen stagnieren oder steigen die Rohstoffpreise für den Kühlkörper, die Abdeckung und die Linsen.

Die Kosten für Forschung und Entwicklung sind eingepreist und das Verhältnis verbessert sich durch die Serienproduktion stetig.

19. Wann kommt der große Preisverfall?

Konnten Verkäufer in Deutschland für eine qualitativ gute LED-Röhre (Länge 150cm VDE zertifiziert) im Jahre 2011 noch Einzel-Stückpreise von 85€ verlangen, so sanken diese im Laufe der Jahre zunehmend

2012 auf 65€,

2013 auf 52€,

2014 auf 44€

2015 auf 38€

Der Preisverfall ging einher mit der Steigerung der Effizienz.

Das Sinken der Preise geht spürbar zurück. Viele Hersteller gehen den Weg der Effizienzsteigerung um ihre Preise halten zu können.

Lohnt sich ein Kauf denn jetzt schon oder warte ich auf noch geringere Preise?

Diese Frage stellt sich wahrscheinlich jeder Entscheider, wenn es nur nach dem Preis geht.

In meinen Ausführungen wollte ich die verschiedensten Aspekte beleuchten, **warum es sinnvoll sein kann, jetzt zu investieren**. Hier nur nochmal ein paar Stichpunkte

- Ein Lampenwechsel ist sowieso fällig, da die Lebensdauer der konventionellen Leuchtstoffröhren zu Ende geht
- Die Kosten für den Austausch alle paar Jahre sind bei weitem höher als der höhere LED Anschaffungspreis
- LEDs ergeben ein besseres normgerechteres Licht (Arbeitsstättenrichtlinie)
- Aufgrund der Anzahl der auszutauschenden Leuchtmittel ergeben sich Kaufpreise von z. B. 26 € auf 1000 Stück 150cm Länge VDE zertifiziert
- Unternehmen mit längeren Betriebsstunden erreichen eine kürzere Amortisation, die Ersparnis ist höher als der zu erwartende Preisverfall in einem oder mehreren Jahren
- die Selbstverpflichtung bei der ISO 50001 wird durch die vergleichsweise günstige Investition mit hoher Ersparnis erfüllt, die Stromsteuererstattung rechtfertigt dies
- Einige Förderprogramme lassen jetzt eine Investition zu, da es nur einen bestimmten Zeitkorridor dafür gibt

20. Rechnen Sie nach!

Sicherlich gab es schon viele, die ihnen etwas von LED-Beleuchtung erzählt haben.

Die Rendite auf die Investition wird durch viele Tricks schön gerechnet. Sie sind überhaupt nicht in der Lage zu erkennen, auf welcher Grundlage diese Zahlen zustande kommen.

Ich werde Ihnen erläutern wie Sie zu ihrer einfachen und nachvollziehbaren Kalkulation kommen.

Sie werden feststellen, dass es Ihnen möglich ist, mit guten Produkten eine Verbesserung Ihrer Lichtsituation zu erreichen und die Amortisation im Bereich von einem bis drei Jahren liegt.

Deshalb möchte ich Ihnen eine einfache Anleitung an die Hand geben, wie Sie eine Berechnung durchführen können.

Wichtig sind dabei Ihre Zahlen.

- Was zahlen Sie für eine kWh Strom in Cent?
- Wie lange ist Ihre Beleuchtung an (Betriebsstunden) = Stunden p.a.
- Welche Leistung verbraucht Ihre jetzige Beleuchtung?

<u>Beispiel:</u> Eine Leuchtstoffröhre mit Starter 150cm Länge verbraucht 58W + 6 bis 12W für das Vorschaltgerät (KVG/VVG). Nehmen Sie evtl. einen Mittelwert.

Für Leuchtstoffröhren ohne Starter, also mit elektronischen Vorschaltgerät, nehmen Sie 58W + 4 bis 6W

- Anzahl der Leuchtmittel (Anzahl)

Ihre Formel sieht dann so aus

Stromkosten p.a.= Anzahl * Leistung * Betriebsstunden * Strompreis

---

<u>Beispiel:</u>

<u>Bestand:</u>   100 Leuchtstoffröhren * 58W (VVG) * 2000 Betriebsstunden * 20 Cent/ kWh = 2.800€ Stromkosten p.a.

Wenn Sie jetzt auf LED-Röhren umrüsten ergibt sich folgende Rechnung.

<u>Ersatz:</u> 100 LED-Röhren * 25W * 2000 Betriebsstunden * 20 Cent/ kWh = 1.000 € Stromkosten p.a.,

dass heißt:

Ihre Ersparnis ist

2.800€ Stromkosten Leuchtstoffröhre

- 1.000€ Stromkosten LED-Röhre

= 1.800€

Sie sparen pro Jahr 1.800€ an Stromkosten ein!

Ihre Investition beträgt für 100 Röhren 2.900€ net-to einmalig.

Ihr ROI (Return of Invest) oder Amortisationsfaktor beträgt 1,611.

Nach 1,611 Jahren trägt sich die Investition selbst.

Ein sehr gutes Ergebnis.

Also rechnen Sie nach und lassen Sie sich nicht für dumm verkaufen, es ist keine Hexerei oder Wissenschaft.

21. Was ist OLED?

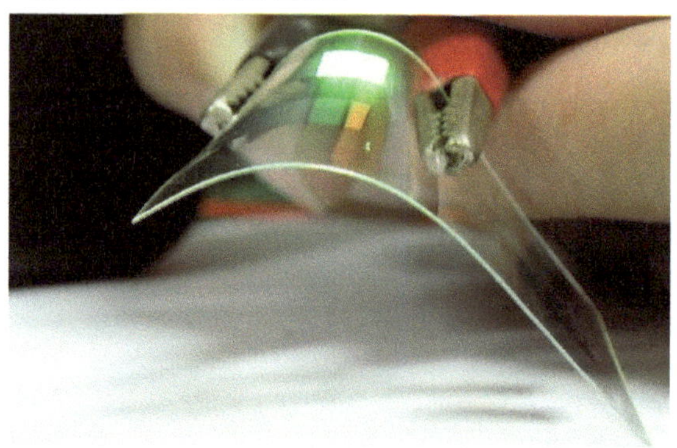

Abb. 21 Eine OLED im Biegetest

OLEDs sind eine neue Entwicklung im Bereich der LEDs. Die bisherigen LEDs bestehen aus anorganischen Leuchtdioden, die OLEDs bestehen aus organischen Elementen.

Die Stromdichte und Leuchtdichte ist bei OLEDS geringer. Es sind keine einkristallinen Materialien erforderlich und deshalb können OLEDs in Dünnschichttechnik (Vergleichbar mit Platinen) hergestellt werden.

Die Materialeigenschaften der OLEDs zeichnen sich durch biegsame, flexible Anwendungsmöglichkeiten aus, z.B. als Biegsame Bildschirme, Hintergrundbeleuchtung, leuchtende Tapete oder Fassaden usw. aus.

22. Fragen Sie nicht Ihren Elektriker

Ihr Elektriker ist sicherlich ein hervorragender Spezialist für Installationen aller Art. Aber in der Regel kennt er die technische Weiterentwicklung bei der LED-Beleuchtung nicht. Ausnahmen bestätigen die Regel.

Also wenn Sie Ihren Elektriker fragen, wird er möglicherweise sagen, das die Technik noch nicht soweit ist (diese Erkenntnis stimmte ja auch bis 2009, s.o.Abschnitt 14), das die Leuchten-Hersteller keine geprüften Produkte haben, dass es zu dunkel ist oder die Lichtfarbe nicht stimmt.

Also nutzen Sie die Informationen die ich Ihnen heute gebe und Sie treffen bessere Entscheidungen. Wir haben bereits über 250 Projekte mit LED-Beleuchtung umgesetzt.

Mein Tipp: Fragen Sie nicht ihren Elektriker – Sie können das nun selbst!

Abb. 22
Schloss-
brauerei
Schwarzbach
2015 auf LED
umgerüstet

Abb.23
Kühlhaus
Schockfroster
2013 in
Memmingen
umgerüstet

Abb. 24

Chemiefaserwerk
2014 umgerüstet

Abb. 25
TTM Markt
umgerüstet 2015

23. Warum sollten Sie im Schichtbetrieb nicht die bisherige Lichtfarbe wählen?

Der Standard in deutschen Unternehmen liegt bei der Leuchtstoffröhre 840 bzw. bei der HQI mit 4000K.

Seit Erfindung der Leuchtstoffröhre im Jahre 1857 durch den deutschen Physiker Heiner Geißler und der erheblichen Weiterentwicklung durch den Deutschen Edmund Germer hatten es sich die Hersteller zur Aufgabe gemacht ein vergleichbares Leuchtmittel zur Kerze und später zur Glühbirne herzustellen.

 Die Lichtfarbe der Kerze und der Glühbirne liegt bei ca. 2700K. Damals sollte die schnelle Akzeptanz durch die Bevölkerung erreicht werden. Also war es naheliegend das Erscheinungsbild nachzuahmen.

Seit vielen Jahrzehnten ist es gelungen Leuchtmittel mit weißerem Licht herzustellen. Die Frage der Akzeptanz spielt dabei auch heute noch eine Rolle.

In vielen Gesprächen mit Entscheidern stellt sich die Frage nach der Lichtfarbe, weil ich sie stelle. Die vielen positiven Eigenschaften der helleren Lichtfarbe 6000K und mehr, zeigte ich bereits in Abschnitt 10 und 11 auf.

Mein Tipp: Nutzen Sie die Gelegenheit und stellen Sie auf Tageslicht 6000K und mehr um.

Mehr Wohlbefinden für Schichtarbeiter

„In der EU arbeiten rund 20 Prozent aller Menschen im Schichtbetrieb. Diese Arbeitsform stellt hohe Anforderungen an den menschlichen Körper.

Immer mehr Menschen, die zu unregelmäßigen Zeiten arbeiten müssen, leiden unter dem sogenannten „Schichtarbeitersyndrom":

Ihr Bio-Rhythmus ist durcheinander; sie schlafen schlecht und sind tagsüber müde.

Neue dynamische Beleuchtungsanlagen in Industriebetrieben belegen, dass eine Beleuchtung mit biologisch wirksamem Licht mehrfach positiv wirkt:

- Das Wohlbefinden der Schichtarbeiter steigt ebenso wie die Schlafqualität
- Ihre Konzentration steigt und damit auch die Sicherheit am Arbeitsplatz
- Sie sind motivierter und produktiver

Mit biologisch wirksamem Licht steigt die Leistung

Bei einer interdisziplinär angelegten Studie aus Österreich wurden zwei dynamische Beleuchtungsszenarien für die Allgemeinbeleuchtung gewählt.

Beide Male variierte die Beleuchtungsstärke von 1.000 bis zu biologisch wirksamen 2.000 Lux.

Während die Helligkeit sich bei der ersten Versuchsanordnung deutlich wahrnehmbar in längeren Zeitintervallen veränderte, wurden in einem zweiten Projekt Helligkeitsdynamiken mit kurzen Zeitintervallen getestet, die für die Schichtarbeiter nicht wahrnehmbar waren.

Abb. 26 Eine Halle ausgerüstet mit biologisch wirksamen Licht

Beide Untersuchungen zeigen, dass dynamisches Licht einen positiven Einfluss auf die psycho- und physiologische Befindlichkeit der Mitarbeiter hat:

Die Mitarbeiter sind während der Arbeit leistungs-
fähiger und profitieren von einer besseren Schlafqualität.

Mitarbeiter wählen höhere Beleuchtungs-stärken

Eine Studie aus Finnland zeigt, dass Mitarbeiter generell höhere Beleuchtungsstärken wählen würden,
wenn sie die Wahl hätten.
Für die Untersuchung haben die Wissenschaftler
eine Beleuchtungsanlage installiert, die für jeden
Arbeitsplatz individuell und stufenlos bis 3.000 Lux
regelbar ist. Fazit:

- 48 von 49 Monteuren wählen deutlich höhere Beleuchtungsstärken,

obwohl bereits 500 Lux die Sehaufgabe gut unter-
stützen.

Der Grund muss auf die biologische Wirksamkeit der
gewählten Beleuchtungsstärken zurückgeführt werden.

Sie erleichtert nicht nur die Sehaufgaben, sondern
steigert Konzentration, Leistung und das allgemeine
Wohlbefinden.

Eine weitere Studie stützt diese Ergebnisse.

Dabei haben Forscher Arbeitsplätze in einer Monta-
gehalle unterschiedlich beleuchtet. Die Lichtbänder
waren wahlweise auf 800 bis 1.200 Lux Beleuchtungsstärke einstellbar.

Über einen Zeitraum von 14 Monaten wechselte die
Beleuchtungsstärke unregelmäßig von Schicht zu
Schicht. Das Resultat:

- Bei mehr Licht wurde das gleiche Produkt
  durchschnittlich um 7,7 Prozent schneller ge-
  fertigt."

Quelle:http://www.licht.de/de/trends-wissen/licht-
specials/biologisch-wirksames-licht/dynamische-
lichtloesungen/dynamisches-licht-in-der-industrie/

<u>Mein Tipp:</u> **Wählen Sie höhere Lichtströme** als die
Norm es fordert. Die physiologische Wahrnehmung
verbessert sich.

24. Wissen Sie, dass nicht alle LEDs dimmbar sind?

Das Dimmen der Beleuchtung hat in Betrieben besonders dann eine Bedeutung, wenn über Ober – bzw. Seitenlichter Tageslichteinfall vorhanden ist.

In anderen Fällen ist es nicht ratsam eine Dimmfunktion einzubauen, weil die Arbeitsstättenrichtlinie in jedem Fall eingehalten werden muss.

Die Dimmung erfolgt über eine elektronische Schnittstelle am Treiber. Dies kann z.B. über eine DALI-Steuerung oder eine 1-10V Steuerung erreicht werden.

Diese Treiber bei LEDs sind speziell konfiguriert. Normale Treiber haben diese Funktion nicht.

Deshalb sollte man sich bei der Investition klar sein, welches System vorhanden ist und ob eine Dimmung in Zukunft sinnvoll umgesetzt werden kann.

Mein Tipp: Berechnen sie realistisch die Ersparnis bei Einsatz einer Dimmsteuerung

25. Welche Abdeckung sollten Sie verwenden und warum

Sie können bei der Abdeckung üblicherweise wählen bei LED-Röhren zwischen Polymethylmethacrylat (PMMA) und Polykarbonat (PC).

PMMA, auch als Acrylglas bezeichnet, hat im Vergleich zu PC bessere Eigenschaften in Bezug auf Transparenz, Kratzfestigkeit und UV-Beständigkeit.

Der Preis ist auch ein wenig höher.

Beispiel für Polycarbonat-Anwendung

Beispiel für PMMA-Anwendung

Abb. 27 Vergleich der Abdeckung Polykarbonat zu Acrylglas

Quelle: STEG_FLYER_DIFFUSER-LED_WEB.pdf

Es gibt selten das Angebot für Glasabdeckungen.

Diese sollten Sie zum z.B. in Ställen wählen. Das Ammoniak greift ansonsten die PC-Abdeckung an und es wird schnell undurchsichtig.

Bei Glas achten Sie auf den einwandfreien Splitterschutz des Leuchtkörpers, so wie er jetzt schon bei Leuchtstoffröhren notwendig ist.

Bei Hallenstrahlern haben Sie die Möglichkeit zwischen Glas, PC und PMMA zu wählen. Es gibt leichte Vorteile für Glas, da es im Laufe der Jahre keine Trübung gibt.

Glas ist i.d.R. teurer als PMMA oder PC. Andererseits ist PMMA unzerbrechlich und es könnte für Sie dieser Vorteil wichtig sein.

26. Wie erkennen Sie eine gute LED?

Wenn es so einfach wäre, dann gebe es wahrschein-lich keine schlechten Angebote. Wir versuchen es trotzdem:

Zuerst prüfen Sie die **äußere Beschaffenheit**.

Sieht das Material billig aus? Gibt es Kratzspuren, Verunreinigungen? Stimmt die Passform. Gibt es Ungenauigkeiten beim Zusammenfügen der Ele-mente: Abdeckung, Kühlkörper, Fassung?

Lassen Sie von diesen LEDs lieber die Finger davon.

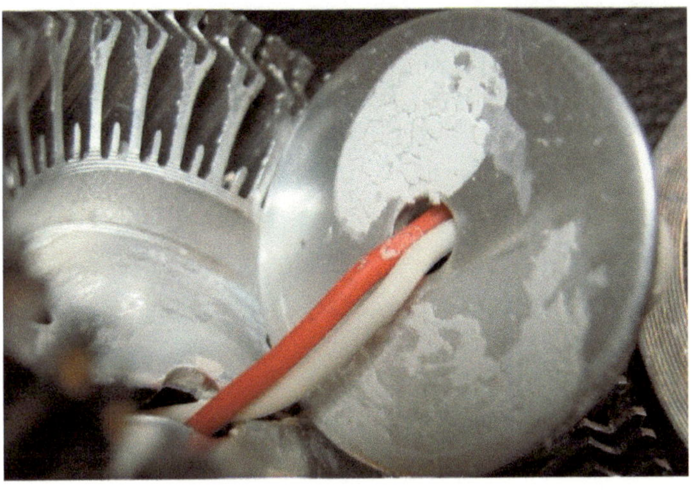

Abb. 28 Die Wärmeleitpaste zwischen Kühlkörper und LED-Platine ist ungleichmäßig und zu dick auf-getragen. Mangelnde Kühlung!

Abb. 29 Die Wärmeleitpaste fehlt zwischen LED und LED-Platine. Kein Kühleffekt!

Abb. 30 Schlechte Kühlung fängt mit dem Ausfall einzelner LEDs an und setzt sich im Ausfall der kompletten Lampe fort.

Die **Prüfung im Inneren** ist nur schlecht möglich. Sie müssen sich auf das Wort Ihres Verkäufers bzw. Herstellers verlassen.

Sie sollten sich jedoch auch wieder klar machen, dass die Kühlung und die Qualität des Treibers Schlüsselfaktoren für Langlebigkeit darstellen.

Hier zur Unterscheidung einige Treiber von LED-Röhren.

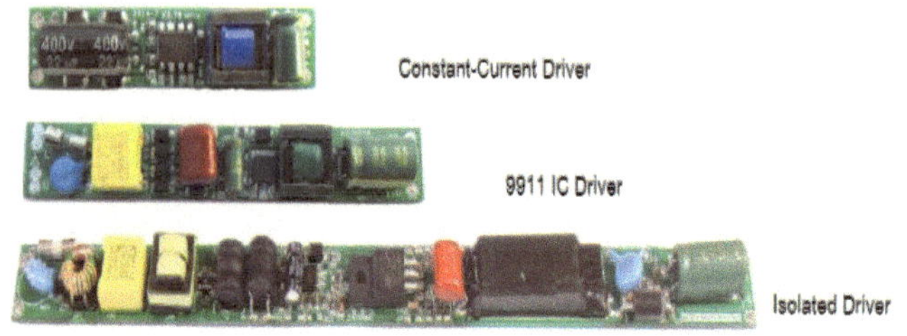

Abb. 31 Der Treiber mit den meisten verbauten Komponenten stellt die höchste Qualität dar.

<u>Mein Tipp:</u> Darüber hinaus kontrollieren Sie die Zertifikate und achten Sie auf Gewährleistungszeiten von mindestens drei Jahren.

27. Rechnen Sie nochmal nach!

Glauben Sie mir. Im Laufe der letzten Jahre habe ich schon viele Berechnungen zur Amortisation gesehen. Von den undurchsichtigen mal abgesehen, fällt mir immer wieder folgendes auf:

➤ Berater lieben große Zahlen bei der Ersparnis. Schnell werden Einsparungen für die nächsten 10-20 oder 30 Jahre hochgerechnet. Sicherlich gibt es dabei keinen Rechenfehler aber ich denke als Unternehmer sollte sich die Investition bereits in 5 Jahren gerechnet haben. Wer weiß schon was danach kommt.

➤ Die Betriebsstunden werden zu hoch angesetzt. Ich rechne lediglich mit den Betriebsstunden, die mir der Unternehmer vorgibt.

➤ Der Strompreis wird mit Inflation berechnet. Schnell wird daraus ein Wert von 30-50 Cent/kWh. Ich denke das ist der falsche Weg.

➤ In den letzten Jahren gab es aufgrund der jährlichen Erhöhung der EEG-Umlage einen besonders starken Strompreisanstieg.

➢ Aufgrund des besseren Angebotes jedoch auch das Sinken des Arbeitspreises. Meines Erachtens sollte die Inflation außer Acht bleiben.

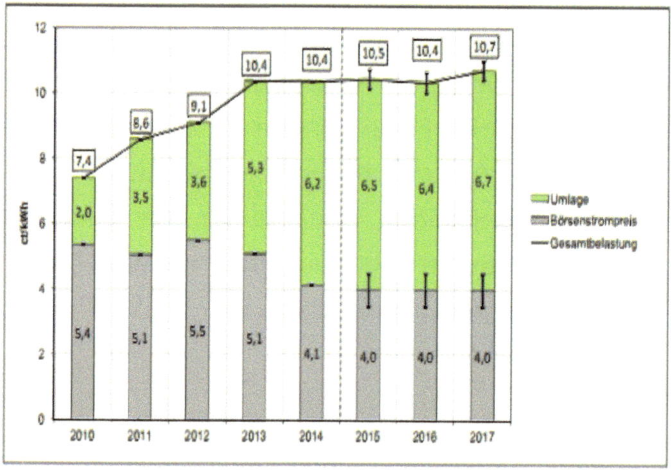

Abb. 32 Entwicklung von Arbeitspreis und EEG-Umlage von 2010-2017 Schätzung

Quelle:
http://www.kontextwochenzeitung.de/fileadmin/content/kontext_wochenzeitung/dateien/147/oeko-studie.jpg

➢ Verzichten Sie auf eine steuerliche Betrachtung. Es muss sich auch so rechnen.

28. Wie können Sie LED-Röhren bei EVGs verwenden?

Die Bezeichnung Retrofit wurde im Zusammenhang mit dem Austausch von konventionellen Leuchtstoffröhren durch LED-Röhren verwendet.
Dieser Austausch war nur möglich bei Leuchtkörpern die ein KVG (Konventionelles Vorschaltgerät) oder VVG (Verbessertes Vorschaltgerät) hatten.
Durch den Austausch des Starters mit einer LED-Überbrückung konnte die LED-Röhre ohne weiteren Montageaufwand gewechselt werden.

Seit ca. 2 Jahren gibt es außerdem LED-Röhren die auch bei EVGs (Elektronisches Vorschaltgerät) verwendet werden können. **Es ist nicht notwendig eine Umverdrahtung vorzunehmen** bei der das Vorschaltgerät überbrückt wird. Der Montageaufwand sinkt erheblich und macht die teilweise höheren Preise mehr als wett. Es ist sowohl ein Einsatz bei EVG sowie KVG möglich.

Mein Tipp: Bevor Sie bestellen, sollten Sie an mehreren Leuchtkörpern eine Teststellung durchführen. In der Vergangenheit wurden durch die Elektriker verschiedenste Vorschaltgeräte verbaut.

29. Wovon hängt die Lebensdauer bzw. Langlebigkeit ab?

Wussten Sie das einige Philips-Röhren nur 56% Lebensdauer haben als vergleichbare Röhren?

LEDs haben eine lange Lebensdauer — solange sie unter bestimmten Bedingungen betrieben werden. Im Gegensatz zu herkömmlichen Leuchtmitteln fällt die LED nicht plötzlich aus. Sie verliert im Laufe ihrer Betriebszeit allmählich an Helligkeit.

Je nach Güte der Leuchtdiode verläuft diese Helligkeitsabnahme (Degradation) mal schneller oder mal langsamer. Siehe Abschnitt 9

Hochwertige LEDs erreichen eine Lebensdauer von über 100.000 Stunden.

„Eine ordnungsgemäße Verwendung von LEDs bedeutet, dass die vom Hersteller angegebenen Werte beim Betriebsstrom und Temperatur eingehalten werden. Allerdings können auch äußere Umstände, wie Feuchtigkeit oder Wetterbedingungen bei Anbringung der LEDs im Freien, die Lebenszeit einer LED beeinflussen.

Die Lebensdauer wird durch bestimmte Faktoren definiert. Z. B. gibt die mittlere Lebensdauer an, in welchem Zeitraum 50% der LEDs ausgefallen sind.

Das gleiche gibt es übrigens auch bei Leuchtstoff-röhren. Dies ist also keine neue Erfindung.

Die sogenannte Nutzlebensdauer ist wichtiger in der Bewertung. Sie gibt an in welchem Zeitraum der Lumenstrom nur noch 50% des Ausgangswertes ist.

Angabe der Qualität bei der LED Lebensdauer.

Die LED Lebensdauer wird in zwei Teilwerten ange-geben. Wobei jeder Teil für sich, entscheidend für die Qualität der LED ist. Ist nur ein Wert sehr viel schlechter als der andere, kann das bereis entschei-dend für die eigentliche Qualität des LED Leuchtmit-tels sein.

50.000 Stunden [L70/B10]

Diese Angabe charakterisiert die Lebensdauer einer LED richtig. Durch die beiden Buchstaben L und B wird der Lichtstrom und die Ausfallwahrscheinlich-keit der einzelnen LED charakterisiert. Die Kombina-tion der beiden Werte bildet die Grundlage für die LED Lebensdauer, wenn man diese bestimmen und charakterisieren möchte.

Kennzeichen L

L beschreibt den Lichtstrom, es gibt an wie viel Pro-zent des Lichtstromes nach Ablauf der Lebensdauer noch übrig sind. Anders ausgedrückt beschreibt L die garantierte Helligkeit der LED nach Ablauf der Lebensdauer. Es ist entscheidend, dass hier ein hoher Wert angegeben ist, da sonst die LED sehr viel früher zu tauschen ist.

Kennzeichen B

B beschreibt die Ausfallwahrscheinlichkeit der LED und gibt somit die Qualität der einzelnen LED an. Dieser Wert sollte sehr gering sein, da ein Ausfall einer LED die Leuchtkraft dauerhaft schädigt und dies nicht stufenlos erfolgt wie bei Kennzeichen L.

Wie wirkt sich die Kombination auf die LED aus.

Kombiniert man L und B ist es sehr schnell ersichtlich, dass hier bei der Qualität und dem eigentlichen Nutzen der LED sehr große Unterschiede liegen können.
 Ein hoher B Wert garantiert einen sehr raschen Austausch der LED, da die Beleuchtung unwiderruflich sinkt, im Gegensatz zum Lichtstrom, da dieser über die Zeit kontinuierlich sinkt."

Quelle: http://www.rieste.at/blog/led-lebensdauer-der-trick-mit-50-000-stunden/#

30. Wie wirkt sich die Lebensdauerangabe auf die Beleuchtungsstärke aus?

„Eine Lebensdauerangabe von L70/B10 hat eine gute Beleuchtungsstärke, auch nach dem Ende der Lebensdauer. Ändert man jedoch nur L oder B geringfügig, hat dies große Unterschiede auf die garantierte Qualität der Beleuchtung.

Wir zeigen in dieser kurzen Tabelle wie sich verschiedene Lebensdauerangaben auf die eigentliche Ausgangsgröße ändern und warum es sich lohnt, die Angaben der Hersteller vorher genau zu begutachten.

Lebensdauerangabe	Leistung nach Lebensdauer	Bezug auf L70/B10
L70/B10	63%	-
L70/B30	49%	-22%
L70/B50	35%	-44%
L50/B10	45%	-28%
L50/B30	35%	-44%
L50/B50	25%	-60%

Die oben angeführte Tabelle zeigt klar den Unterschied der Lebensdauerangaben und wie die Leistung der Lebensdauer deutlich abnimmt.

Anders ausgedrückt hat man bei einer Lebensdauerangabe von L50/B50 lediglich 25% der garantierten Leistung nach dem Ende der Lebensdauer. Eine LED mit 1000 Lumen liefert also nur noch 250 Lumen und ist sicherlich für die Anwendung nicht mehr geeignet.

Kauft man sich ein Produkt mit einer Lebensdauerangabe L70/B10 hat man am Ende garantiert noch 63% der Leistung und somit liefert die LED noch immer ein für die Anwendung brauchbares Licht.

Betrachtet man das gesamte Spektrum, welches zur Verfügung steht, so sind die Auswirkungen der Lebensdauerangabe sehr gravierend und man sieht, dass nicht nur die Zahl 50.000 Stunden das ausschlaggebende ist, wenn es um die Lebensdauerangabe geht. Daher lautet der Rat an Sie, dass Sie auf die Lebensdauerangabe achten sollten und gegebenenfalls nachfragen sollten.

	Qualitätsprodukt	Schnäppchen
Produkt	LED Leuchtmittel	LED Leuchtmittel
Leistung	5 Watt	5 Watt
Lichtstrom	330 Lumen	290 Lumen
Lebensdauerangabe	[L70/B10]	[L50/B30]
Lebensdauer	50.000 Stunden	50.000 Stunden

Die oben dargestellte Tabelle beschreibt zwei LED Leuchtmittel, die auf den ersten Blick sehr identisch aussehen. Beide haben 5 Watt und liefern im Mittel 310 Lumen, welches kein großer Unterschied ist.

Betrachten wir die LED aber nun nach 50.000 Stunden, welche ja die garantierte Lebensdauer ist, kommt man zu einem anderen Ergebnis.

	Qualitätsprodukt	Schnäppchen
Lichtstrom	231 Lumen	145 Lumen
Ausgefallene LED	10 %	50 %
Tatsächliche Helligkeit	207 Lumen	72 Lumen
Differenz		-65 %

Hier sieht die Sache nun etwas anders aus! Das scheinbare Schnäppchen ist kein so großes Angebot mehr. Der Unterschied von 207 Lumen auf 72 Lumen, wirkt sich auch nicht erst nach 50.000 Stunden aus.

Es kann davon ausgegangen werden, dass ab ca. 10.000 Stunden die Unterschiede sehr gravierend werden und sich eine qualitative LED von einer weniger guten zu unterscheiden beginnt."

Quelle: http://www.rieste.at/Lichtplanung/led-lebensdauer-was-sind-50-000-stunden-wirklich.html

<u>Mein Tipp:</u> Achten Sie auf eine Lebensdauer von 50000L80/B10

31. Teststellung

"Grau, teurer Freund, ist alle Theorie ..." Dies sagte Mephisto zu Faust.

Lassen Sie sich doch einfach in der Praxis bei einer Teststellung überzeugen. Gleichzeitig nehmen Sie Ihre Mitarbeiter ins Boot und Sie können die notwendige Akzeptanz, die eine Umstellung begleiten muss, erzielen.

Jeder gute Anbieter gibt Ihnen die Gelegenheit die Leuchtmittel zu testen. In der Regel lassen wir die Leuchtkörper für 14 Tage vor Ort und installieren sie auch. Wenn man gute Produkte hat, dann merkt man den Unterschied schnell.

Lassen Sie jedoch auf jeden Fall die Teststellung mindestens 7 Tage installiert. Am Anfang kann es Probleme bei der Eingewöhnung der Mitarbeiter geben. Unser Auge hat ein „Gedächtnis". Es erinnert sich mehrere Tage an den alten Zustand. Das liegt außerhalb der Komfortzone und wird als Mangel interpretiert.

Mein Tipp: Kaufen Sie die Katze nicht im Sack. Wenn Sie dann immer noch keine Entscheidung treffen wollen, dann ist eine begründete Absage immer noch seriöser als ohne Teststellung.

<u>**Fazit:**</u>

Die Umstellung auf LED-Beleuchtung ist ein Gebot der Zeit.

Die wirtschaftlichen Chancen sind groß.

Die physikalischen Eigenschaften der LEDs sind hervorragend.

Mit einem LED-Spezialisten an Ihrer Seite oder mit meiner Checkliste führen Sie die Umstellung zum Erfolg!

Checkliste

Maßnahme	Soll	erledigt
Welchen Nutzen wollen Sie erzielen?		
> Energieersparnis u.a. ISO 50001		
> besseres Licht erzeugen		
> Arbeitsstättenrichtlinie einhalten		
> Wartungskosten minimieren		
> Leuchtkörper/Leuchtmittel veraltet		
Helligkeit optimieren		
> Grundlage Arbeitsstättenrichtlinie		
> erhöhen Sie die Lichtstärke wenn möglich		
Lichtfarbe optimieren		
> Lichtfarbe wenn möglich 4000K besser 6000K		
> Farbwiedergabeindex mind. 80, besser 90		
Qualität der LED prüfen		
> Passgenauigkeit		
> Verarbeitung		
> Wärmeleitfähigkeit		
> CE Kennzeichnung		
> Zertifikate VDE, TÜV, Kema		
Dimmung		
> notwendig?		
Effizienz		
> mindestens 135 Lumen/Watt		
Rechnen Sie nach		
> ROI Return of Invest- Amortisationszeit		
Lebensdauer		
> LM80/B10		
Teststellung		
> kostenlos		
Angebote worauf ist zu achten		
> Angabe zur Effizienz		
> Angabe zu Zertifikaten		
> Angabe Gewährleistung 5 Jahre		
> Angabe zu Gesamtlumen		
> Bestpreisangebot		

Notizen

Herausgeber:
André Michalke
Wilhelm-Rathke-Str.2
98646 Hildburghausen

E-Mail: info@led-vom-lichtplaner.de

Hildburghausen Februar 2016

978-3-7345-1171-4 (Paperback)
978-3-7345-1172-1 (Hardcover)
978-3-7345-1173-8   (e-Book)